Armin Täubner

Clowns – lustig, groß und bunt

Fenster- und Wandbilder aus Tonkarton

frechverlag

Von dem bekannten Autor Armin Täubner sind im frechverlag zahlreiche weitere Bücher mit tollen Bastelideen erschienen. Hier eine Auswahl:

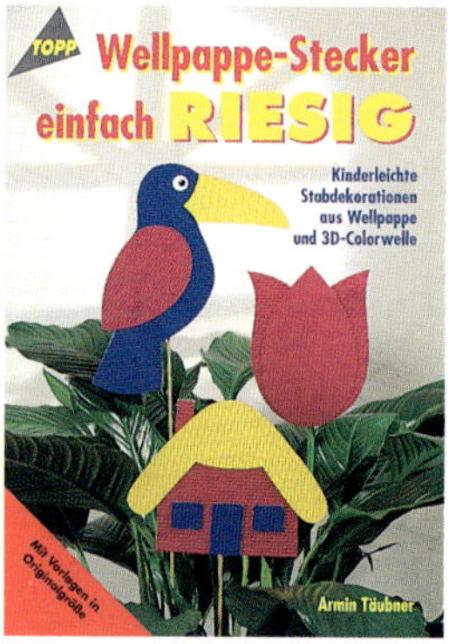

TOPP 2258

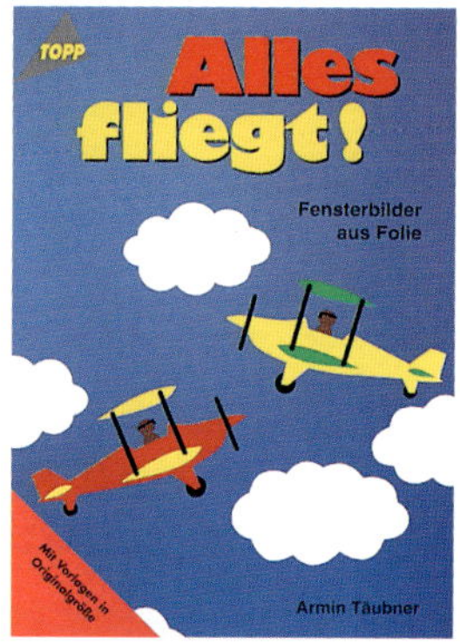

TOPP 2218

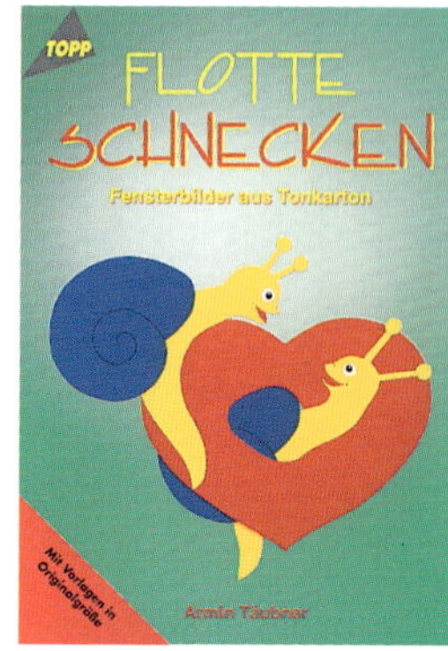

TOPP 2217

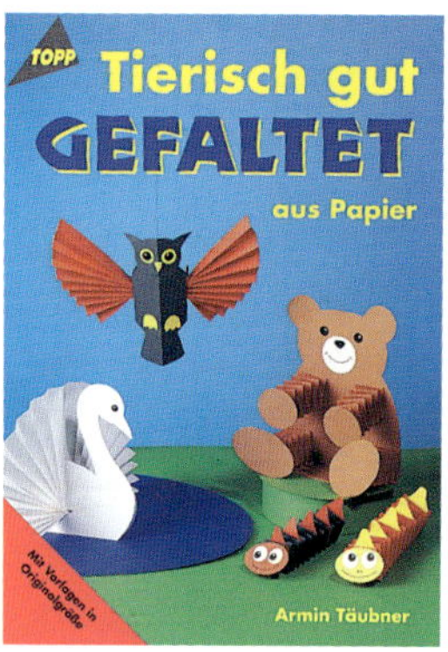

TOPP 2189

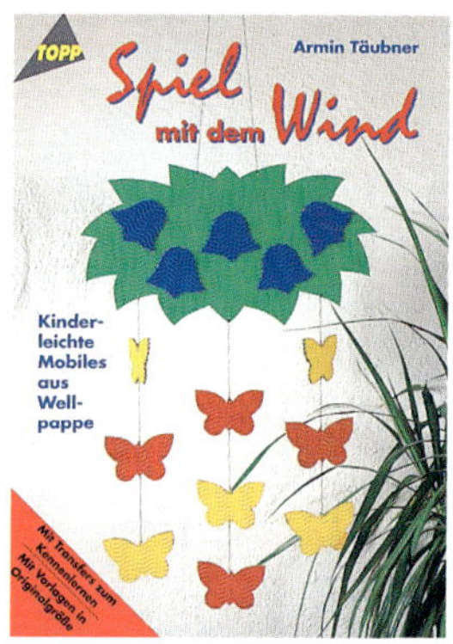

TOPP 2142

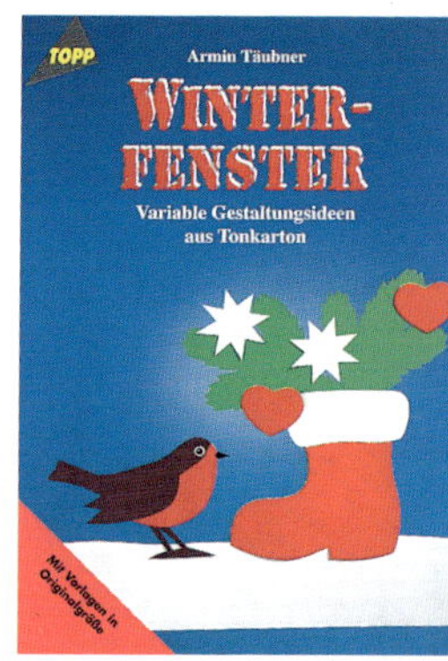

TOPP 2243

Fotos: frechverlag GmbH + Co. Druck KG, 70499 Stuttgart; Fotostudio Täubner

Auflage: 5. 4. 3. 2.
Jahr: 2001 2000 1999 98
Letzte Zahlen maßgebend

frechverlag GmbH + Co. Druck KG, 70499 Stuttgart

ISBN 3-7724-2255-1 · Best.-Nr. 2255

Druck: frechverlag GmbH + Co. Druck KG, 70499 Stuttgart

Schluß mit Trübsinn und Langeweile!
Jetzt kommen Beppo und Mario
mit ihren Freunden.
Ob am Fenster oder an der Wand,
die spaßigen Gesellen treiben's kunterbunt:
Wenn Theobald mit seinen übergroßen Schuhen
und einem Stock auftritt, Fridolin mit einem
Eimer Wasser unterwegs ist und
Clown Alexandro sich als Seiltänzer versucht,
ahnt jeder, daß eine Menge Spaß angesagt ist.
Und nicht nur das:
Auch beim Basteln der Clowns werden
Erwachsene ebenso wie Kinder viel Freude haben.
Da die Motive miteinander kombinierbar sind,
kann sich jeder seinen eigenen Zirkus
zusammenstellen.
Manege frei für die lustigen Clowns,
die Spaß und Farbe in Ihre vier Wände bringen!

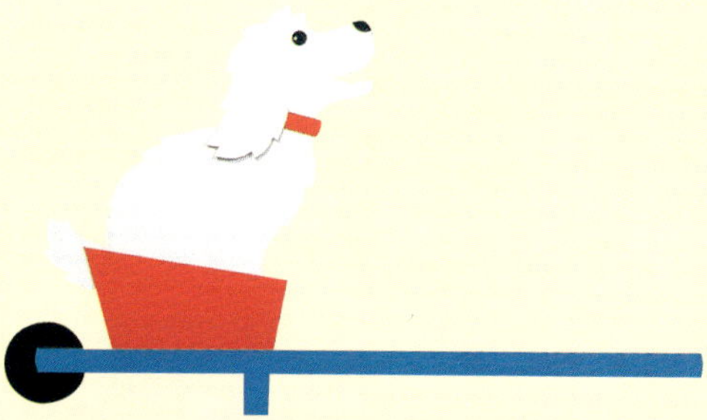

Schritt-für-Schritt-Anleitung

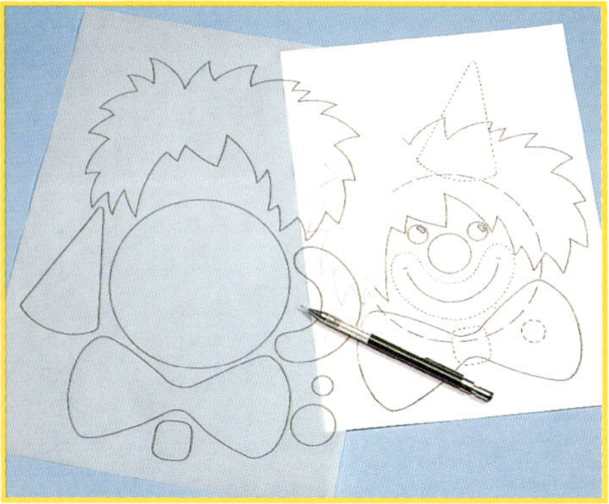

1.

Übertragen Sie alle Motivteile ohne Überschneidungen auf Transparentpapier.

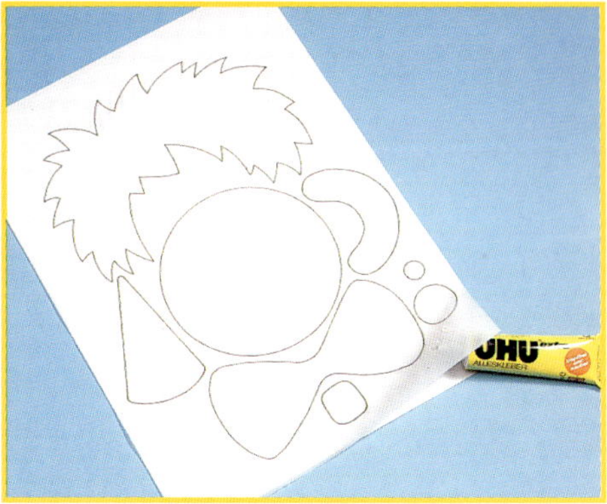

2.

Das Transparentpapier wird dann auf einen dünnen Karton geklebt.

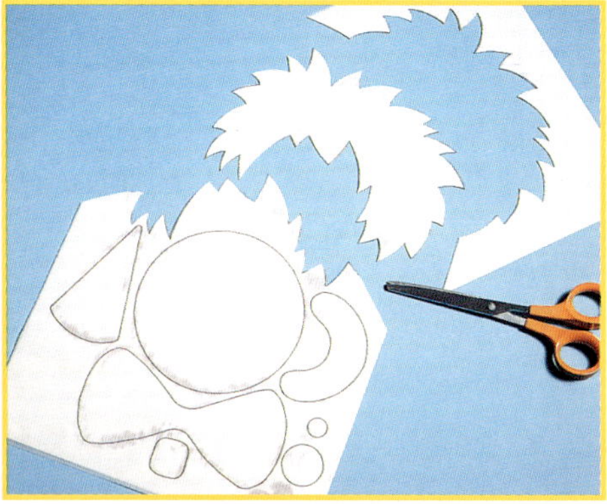

3.

Schneiden Sie die Motivteile mit einer Schere oder einem Cutter (Schneideunterlage nicht vergessen) aus. Das sind Ihre Schablonen.

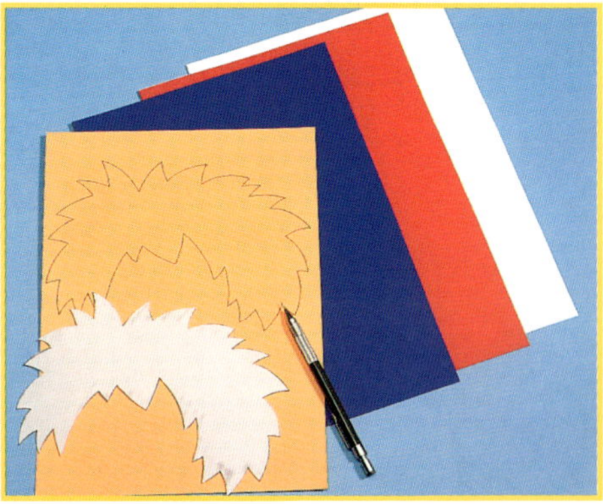

4.

Legen Sie die Schablonen auf den Tonkarton der gewünschten Farbe. Die Umrisse werden mit einem Bleistift nachgezogen.

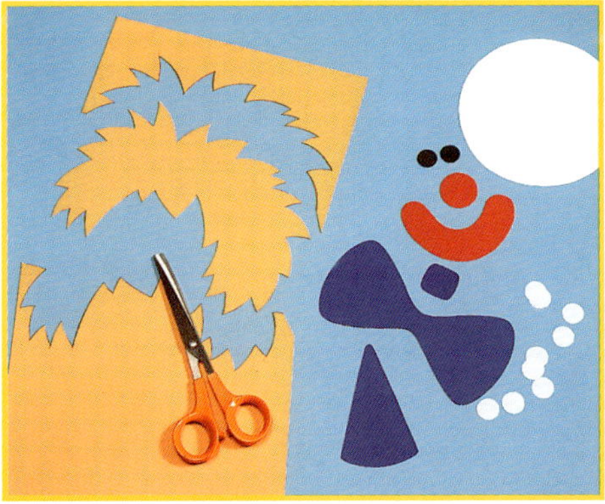

5.

Nun schneiden Sie die Motivteile exakt aus.

Hinweis:

Einige Motive sind in zwei Größen auf dem Vorlagenbogen abgebildet.

6.

Als nächstes werden die ausgeschnittenen Teile zusammengeklebt.

Klebepunkte aus dem Fachhandel in verschiedenen Farben und Größen ersparen Ihnen übrigens viel Arbeit.

Zum Schluß wird der Clown noch mit einem schwarzen Filzstift oder einem Tuschefüller bemalt.

Die Lichtreflexe auf den Augen setzen Sie mit einem weißen Lackstift.

Tip:

Damit Vorder- und Rückseite gleich schön aussehen, werden die meisten Motivteile doppelt ausgeschnitten und in derselben Reihenfolge wie auf der Vorderseite, jedoch spiegelverkehrt, angeklebt.

Hallo, Kinder, hier bin ich!

Höhe: ca. 30 cm (Abbildung Seite 7)

„Hallo, Kinder, ich heiße Fernando. Wir werden zusammen bestimmt einen tollen Nachmittag verbringen. Ich hoffe, ihr habt gute Laune mitgebracht, und wenn nicht, dann werde ich höchstpersönlich dafür sorgen, daß ihr mit frohen Gesichtern diese Vorstellung verlaßt. Also Kinder, paßt gut auf! Gleich geht's los!“ Mit diesen Worten begrüßt Fernando alle Kinder, die in den Zirkus kommen. Und so können Sie diesen lustigen Gesellen basteln:

Auf der großen, gelben Körperform (durchgezogene Linie) wird der rote Frack mit den schwarzen Knöpfen und der weiße Kopf mit dem aufgeklebten Gesicht befestigt. Anschließend bringen Sie die Mütze, die Fliege und die Schuhe an. Die Hände werden von hinten an die Ärmel geklebt.

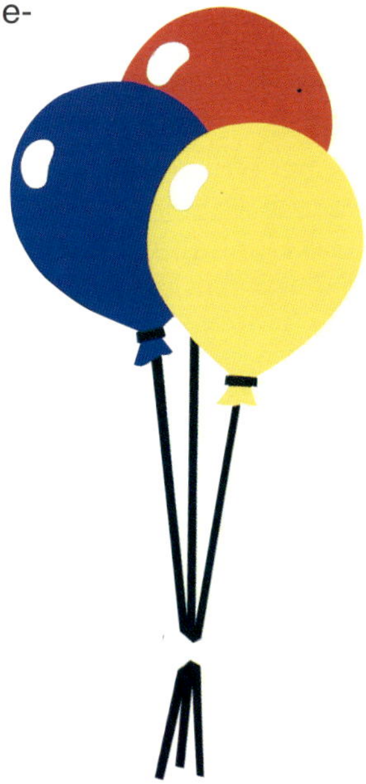

Valentino mit seiner Trompete

Höhe: ca. 34 cm bzw. 50 cm (Abbildung Seite 8)

Lassen wir uns überraschen, mit welcher Melodie Valentino unsere Herzen gewinnen will.

Jacke und Haarschopf werden als ein Teil ausgeschnitten. An dieses Teil kleben Sie von hinten die Hose samt Schuhen an. Von vorne bringen Sie zuerst den rechten Ärmel samt Hand, dann den Kragen und den weißen Kopf an. Der Kopf schließt oben bündig mit dem Haarschopf ab. Nun kann das Gesicht aufgeklebt werden. Beginnen Sie mit den Lippen, die mit einem schwarzen Filzstiftstrich geteilt werden. Dann fixieren Sie die Nase und die Augen (zwei schwarze Klebepunkte mit einem Durchmesser von 8 mm bzw. 12 mm).

Der Hut wird von hinten am Haarschopf befestigt.

Jetzt fehlt nur noch die linke Hand mit der Trompete.

Damit Valentino nicht so alleine ist, basteln Sie ihm doch einen kleinen Begleiter: Der süße Hund sitzt vergnügt in einer Schubkarre.

Hallo, Kinder, hier bin ich!

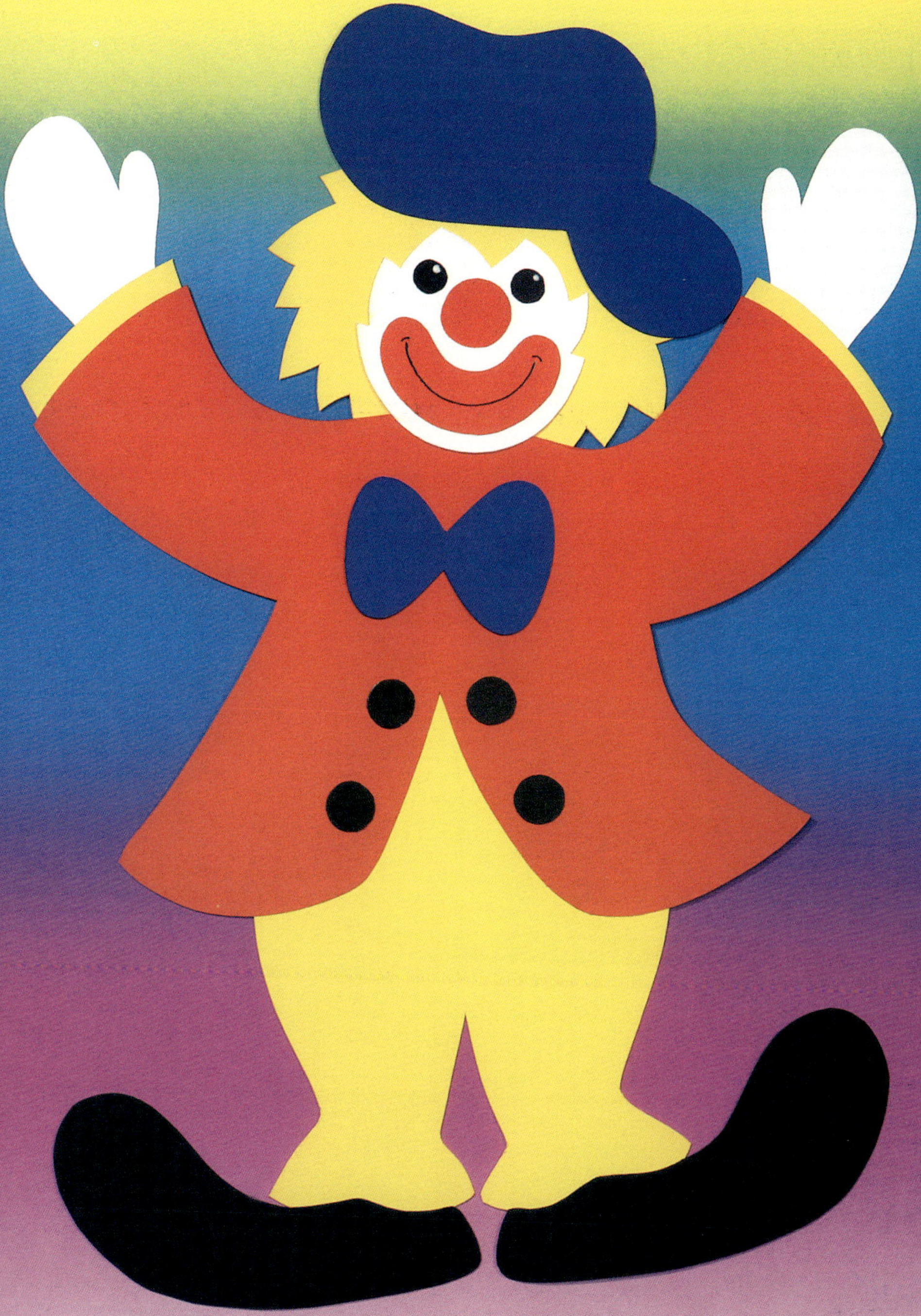

Valentino mit seiner Trompete

(Anleitung Seite 6)

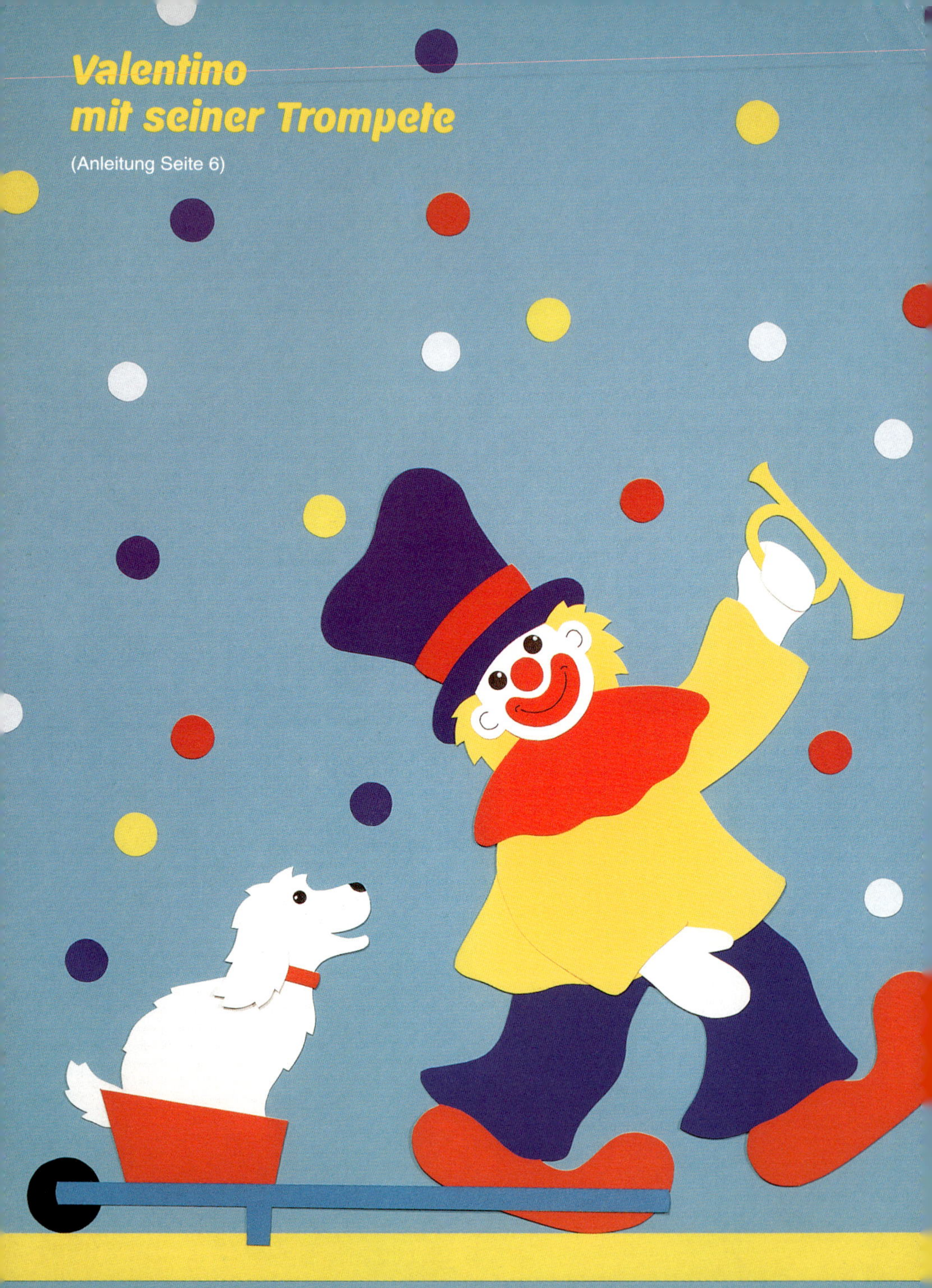

Ich hab' etwas für dich!

(Anleitung Seite 10)

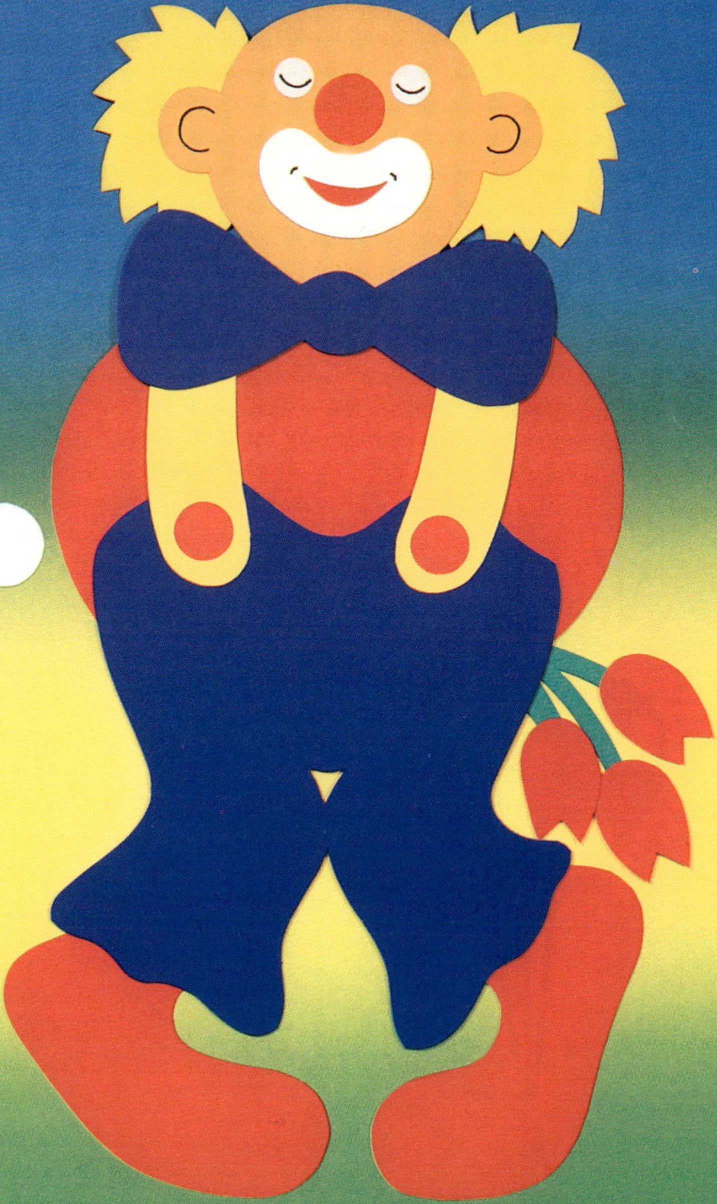

Ich hab' etwas für dich!

Höhe: ca. 30 cm (Abbildung Seite 9)

Clown Beppo ist verlegen. Er hat etwas auf dem Herzen, weiß aber nicht, wie er's sagen soll.

Rumpf und Schuhe werden als ein Teil ausgeschnitten (durchgezogene Linie). Darauf kleben Sie die Hose und die beiden Hosenträger samt Knöpfen.

Befestigen Sie auf der Kopfform das Gesicht, und bringen Sie von hinten den Haarschopf an. Der Kopf wird von vorne am Rumpf fixiert. Kinn und Hals werden von der riesigen Fliege verdeckt.

Abschließend befestigen Sie noch den Blumenstrauß von hinten am Rumpf.

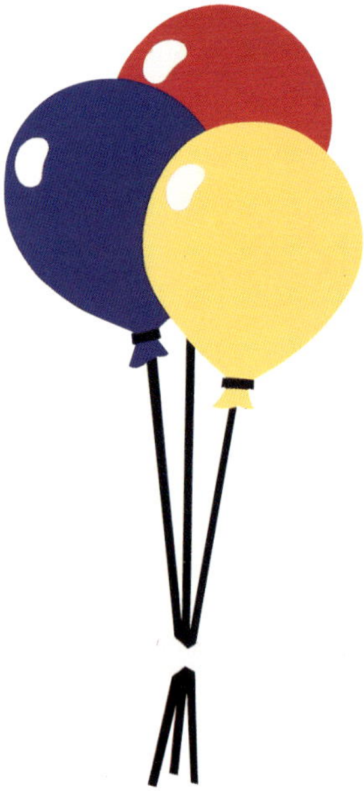

Hier kommt Balduin

Höhe: ca. 30 cm (Abbildung Seite 11)

Der blaue Pullover von Balduin wird mit weißen Klebepunkten (Durchmesser 8 mm) verziert und zusammen mit den Schuhen von hinten an der roten Hose (durchgezogene Linie) angeklebt.

Nun befestigen Sie den Hosenträger samt Knopf und die beiden Hände.

Der Kopf mit dem blonden Wuschelhaar wird von hinten am Pulloverkragen angebracht.

Als nächstes bekommt Balduin sein Gesicht: Beginnen Sie mit dem Mund. Die Trennungslinie zwischen den Lippen und die Grübchen in den Mundwinkeln werden mit einem schwarzen Filzstift oder mit einem Tuschefüller gezeichnet. Es folgen die runde Knubbelnase und die Augen. Für die Augen können Sie entweder schwarze Klebepunkte (8 mm Durchmesser) verwenden, die auf weiße Klebepunkte (12 mm Durchmesser) geklebt werden. Oder aber Sie malen die schwarzen Pupillen mit Hilfe eines Filzstifts und einer Kreisschablone auf die weißen Augen.

Zum Schluß wird noch auf jedes Auge mit einem Lackstift ein weißer Lichtreflex aufgetupft. Den Hut dürfen Sie natürlich auch nicht vergessen.

Hier kommt Balduin

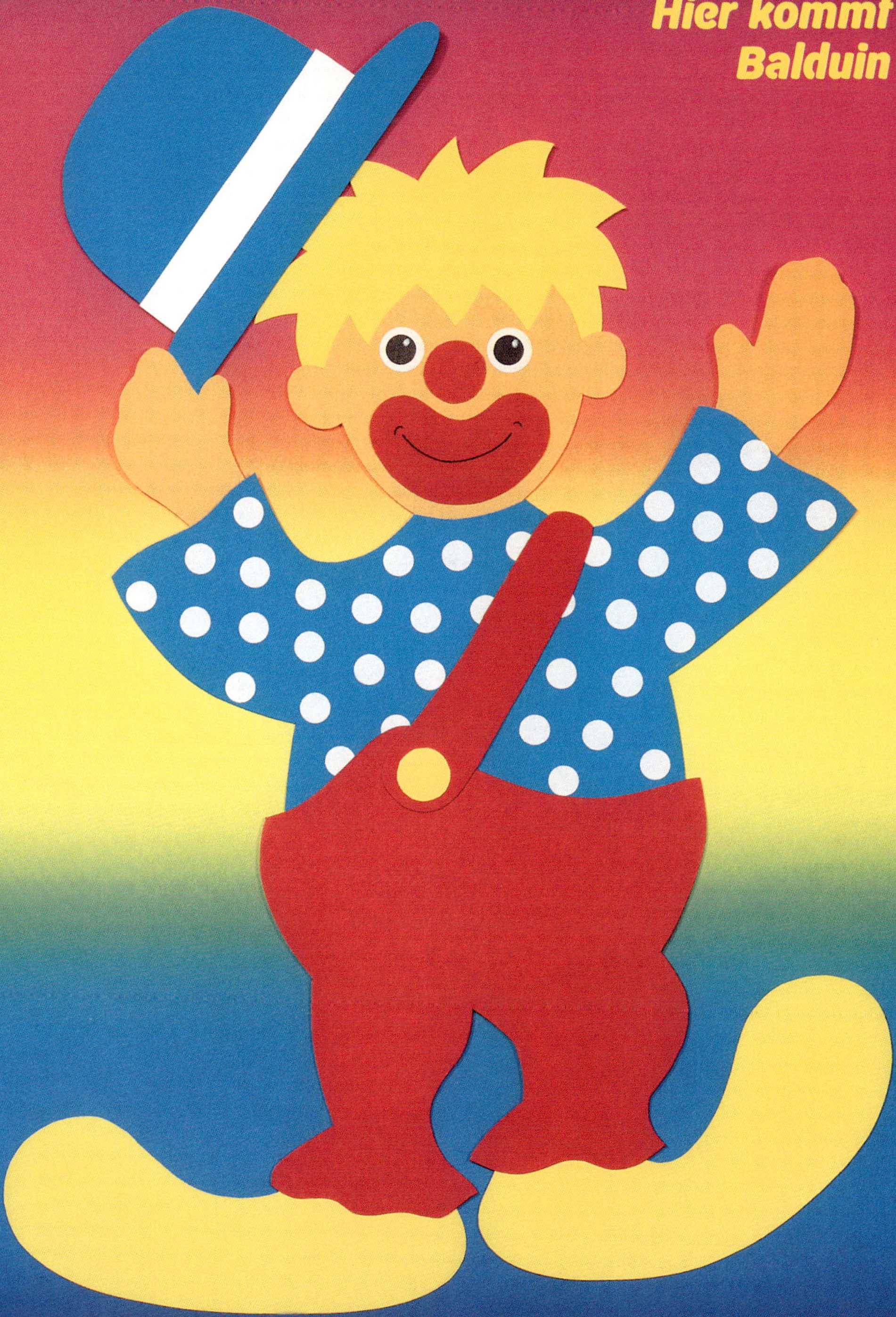

Du leckst mir die ganze Schminke ab!

Höhe: ca. 21 cm

Angelos weißer Kopf (gepunktete Linie) wird auf den blonden Haarschopf (durchgezogene Linie) geklebt. Am roten Kostüm (gestrichelte Linie) bringen Sie von hinten Kopf und Schuh an. Jetzt können Sie das Gesicht aufkleben und den Ärmel samt Hand befestigen.

Nun fehlt nur noch Angelos kleiner, weißer Freund. Der Hund wird in einem Teil ausgeschnitten und dann noch mit Ohr und Halsband versehen.

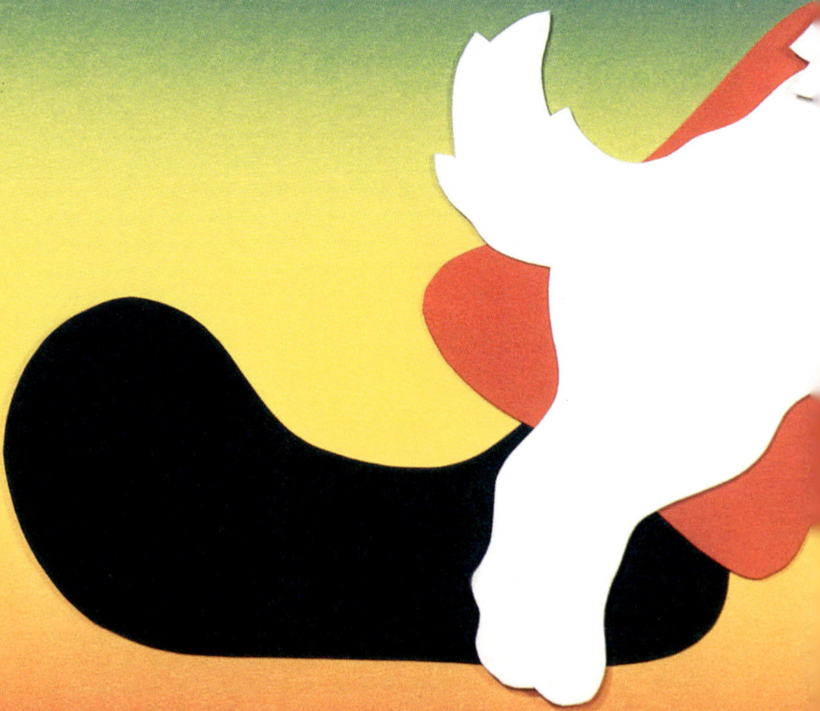

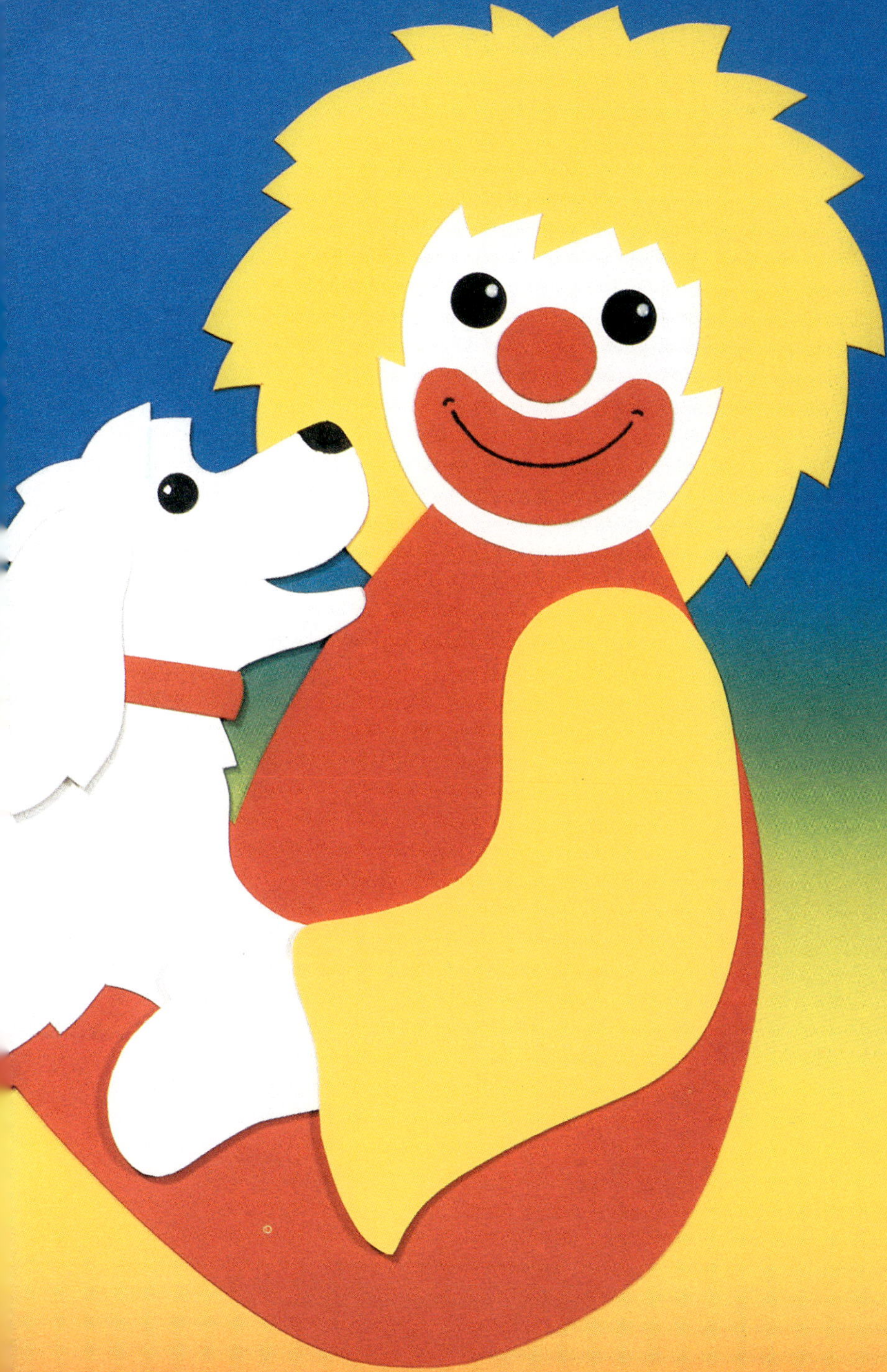

Clown Mario

Höhe: ca. 34 cm (Abbildungen Seite 14 und 15)

Kleben Sie Marios Kopf von hinten an den Kragen (gestrichelte Linie). Haarschopf, Mund, Nase und Auge werden als nächstes angebracht.

Am gelben Oberteil (durchgezogene Linie) befestigen Sie zuerst die Kugelknöpfe, dann den Ärmel mit Hand und anschließend den Kragen samt Kopf.

Die Hose samt Schuh kleben Sie von hinten an das Oberteil.

Ob Mario mit den Luftballons spielt oder mit den Hunden und der Schubkarre Kunststückchen vorführt, bleibt Ihnen überlassen.

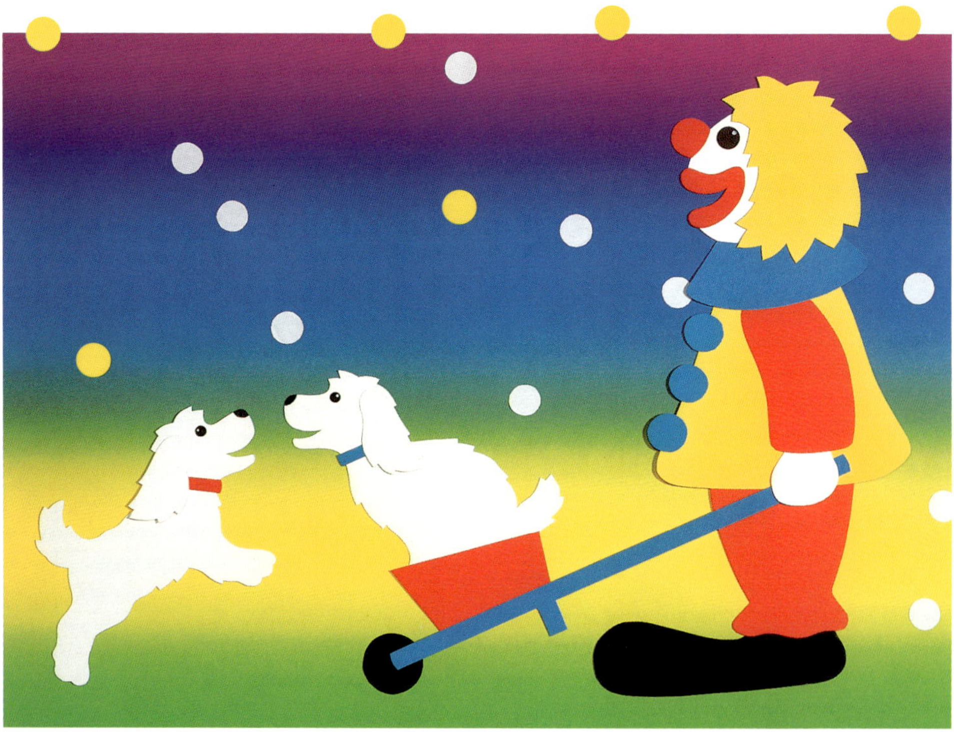

Clown Mario

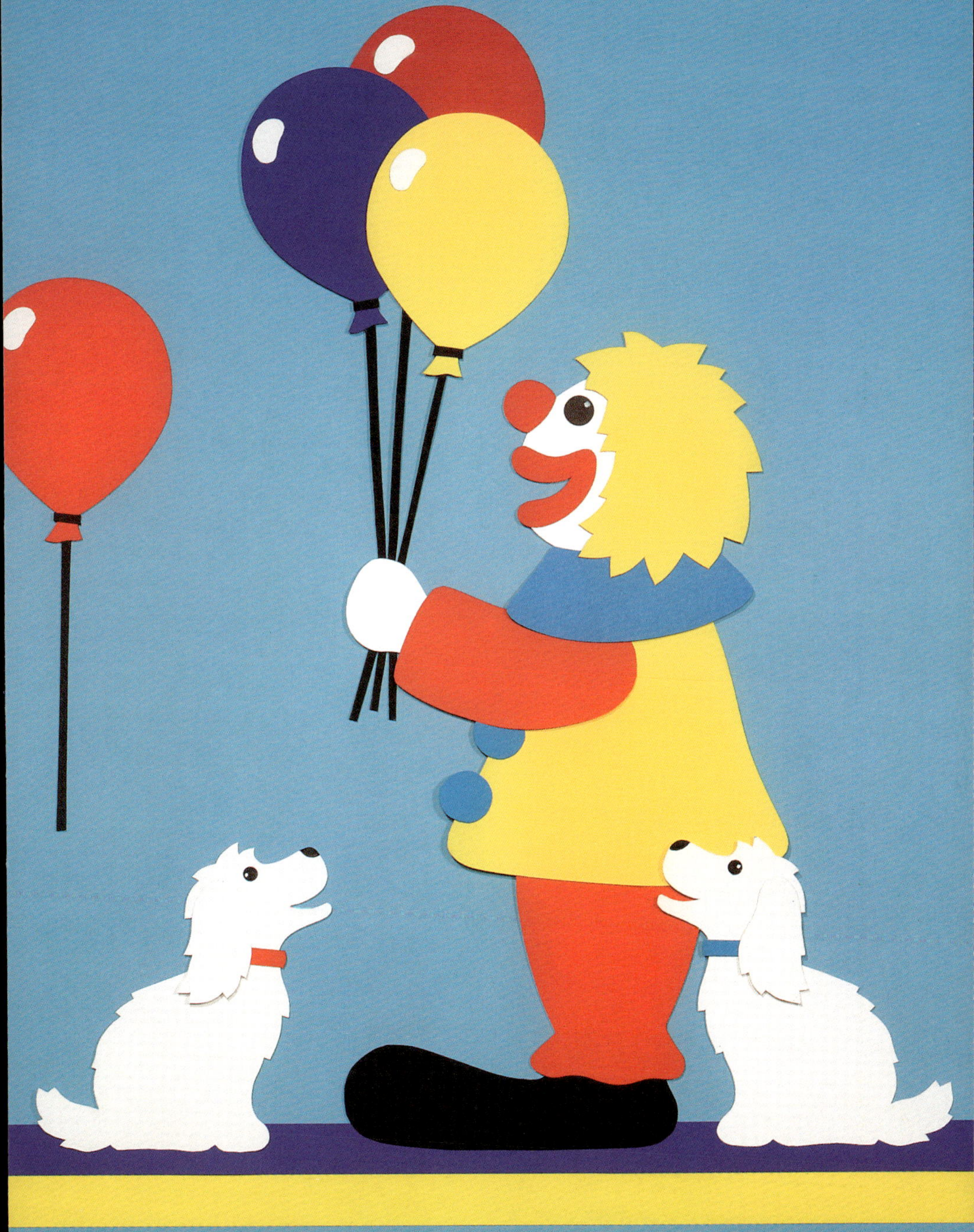

Vorhang auf!

Hier sind alle vereint: Fernando, Valentino, Angelo und der seiltanzende Alexandro.

Die jeweilige Anleitung zum Nacharbeiten der Clowns finden Sie auf den vorangegangenen bzw. folgenden Seiten.

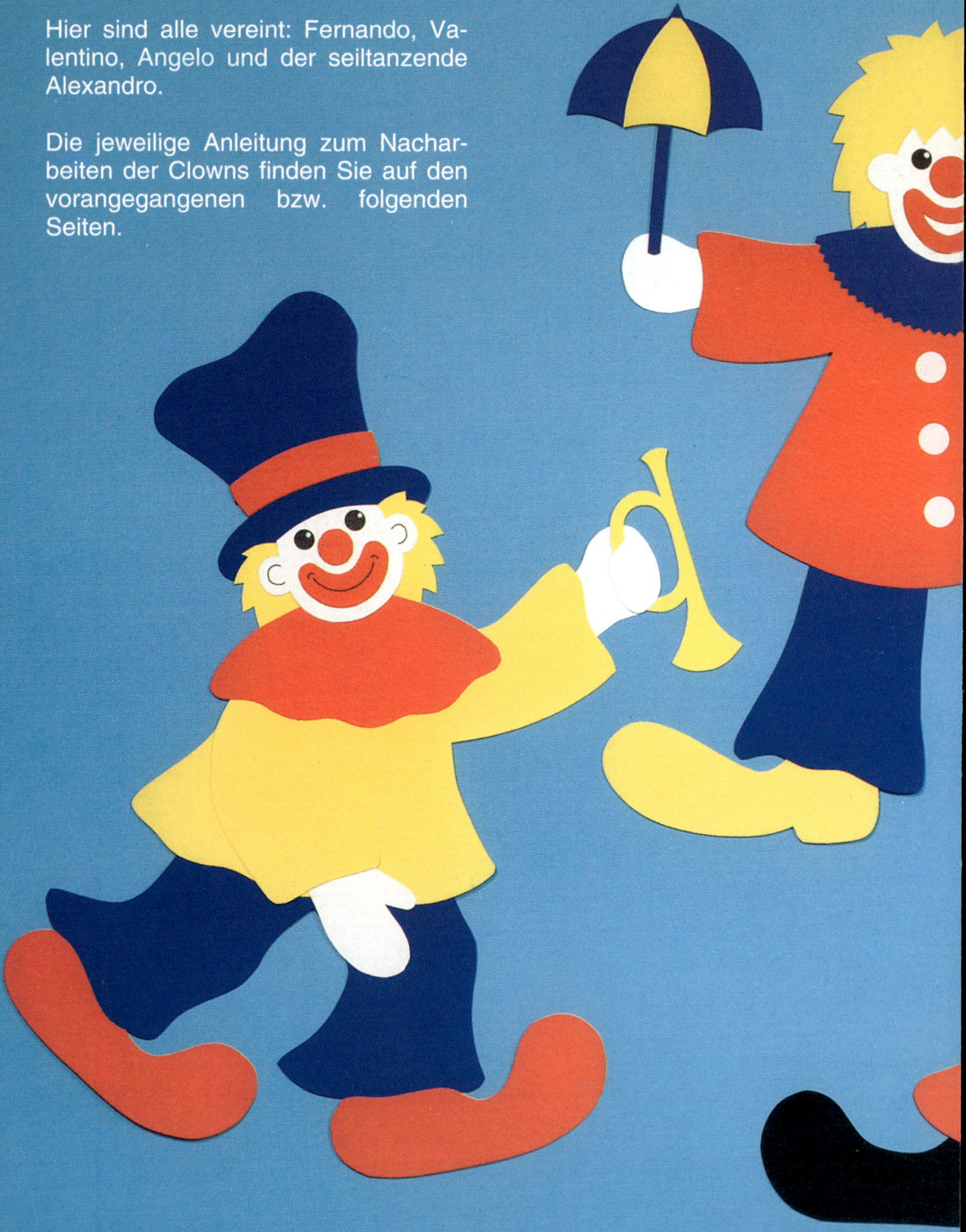

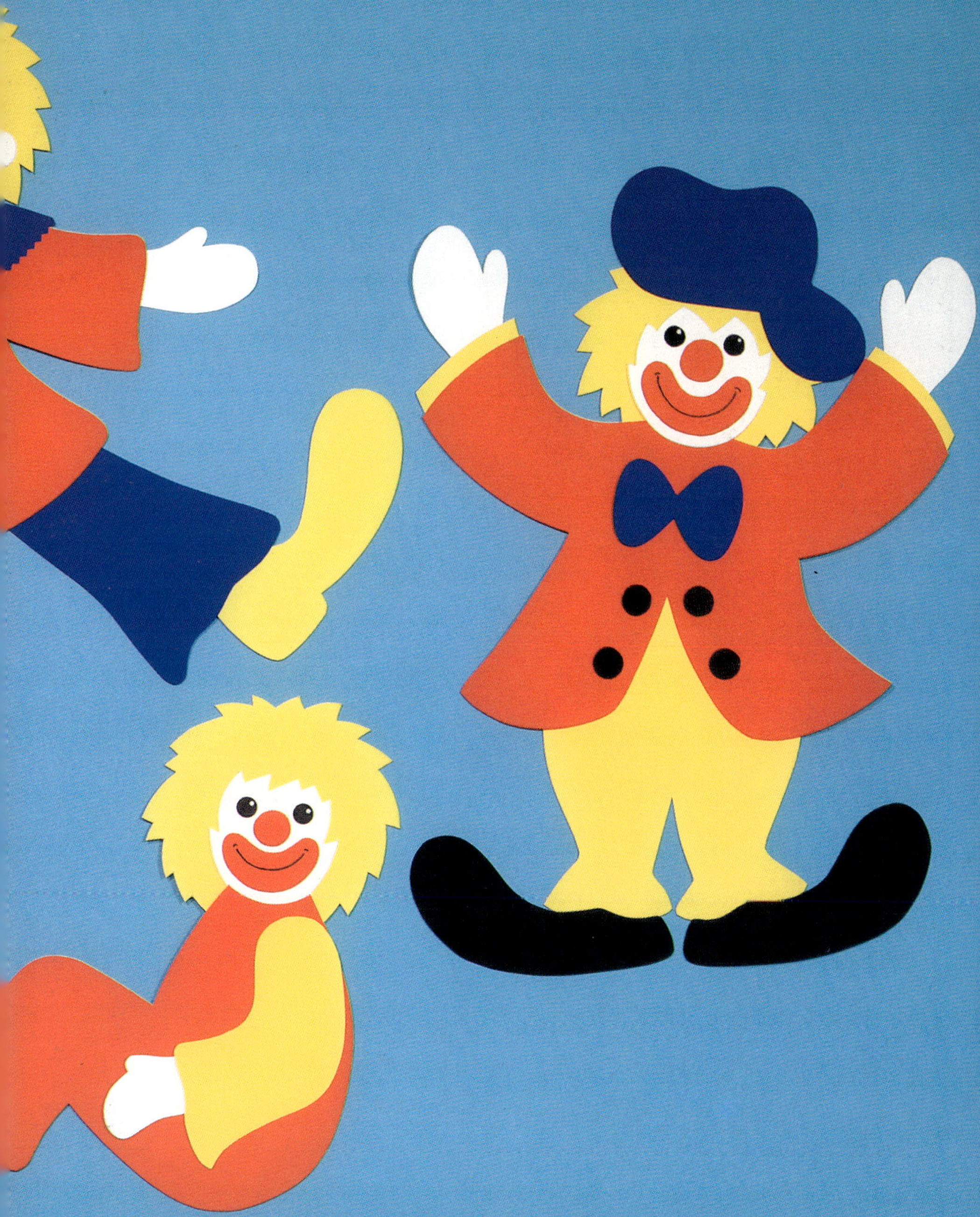

Fröhlicher Clown Filippo

Höhe: ca. 23 cm

Verzieren Sie den Hut mit einem Band und bunten Flicken.
Die Nähte bzw. Nadelstiche werden mit einem schwarzen Filzstift aufgemalt.
Am weißen Kopf wird von hinten der Hut befestigt.
Die Haarsträhnen schließen oben mit dem Kopfrand ab. Kleben Sie nun den Mund, dann die Nase und schließlich die Augen auf.
Filippos Kragen und Fliege werden mit weißen und roten Klebepunkten verziert.

Clown Renzo mit Hütchen

Höhe: ca. 20 cm

Als Sonnen- oder Regenschutz ist Renzos Hütchen wohl kaum geeignet. Aber dafür ist es sehr dekorativ! Kleben Sie Augen, Mund und Nase auf den weißen Kopf (gestrichelte Linie). Anschließend wird der Kopf am großen Haarschopf befestigt.

Von hinten bringen Sie noch den mit roten Klebepunkten (8 mm Durchmesser) verzierten Kragen an – und dann bekommt Renzo natürlich noch sein Hütchen.

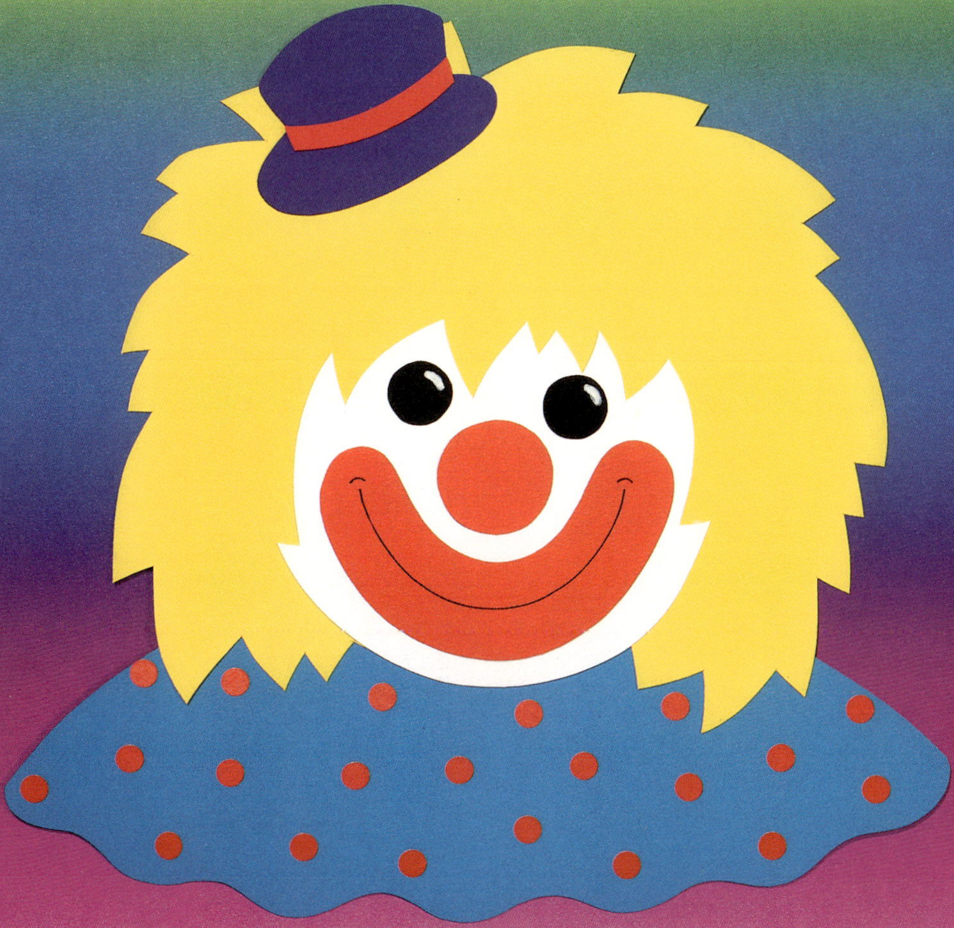

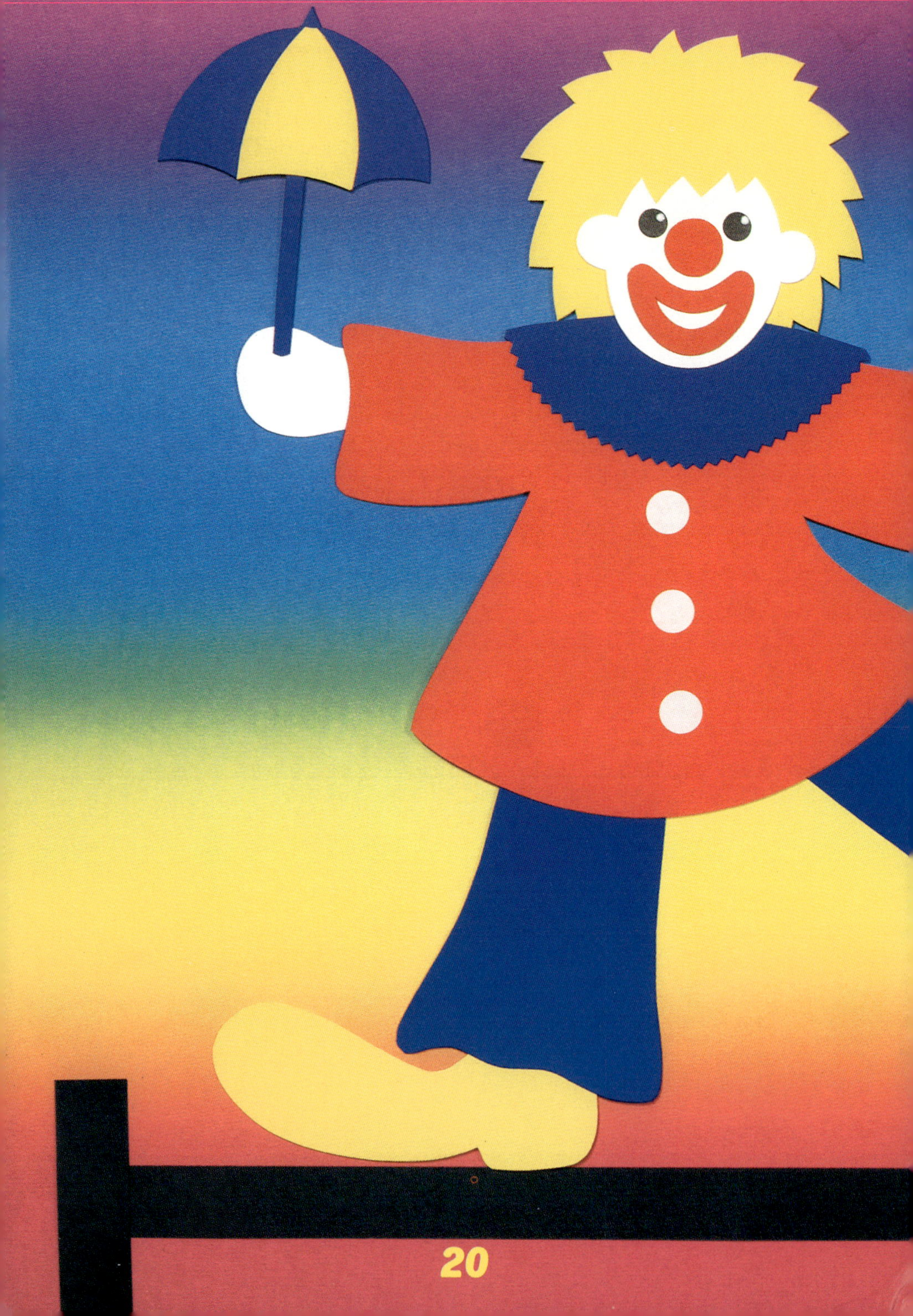

Alexandro als Seiltänzer

Höhe: ca. 40 cm

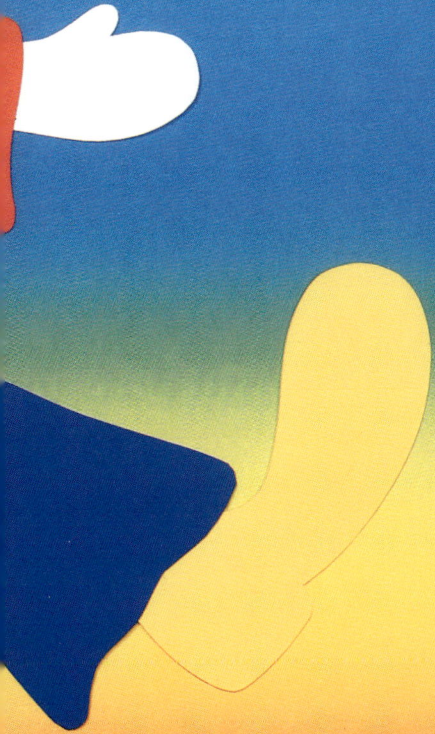

Mit Schirmchen und Charme versucht Alexandro das andere Ende des Seils zu erreichen.

Hosenbein und Schuh werden jeweils doppelt ausgeschnitten. Die Hosenbeine befestigen Sie samt Schuhen von hinten an der roten Jacke. Nun fixieren Sie die Knöpfe.

Anschließend wird der Kragen und darauf der Kopf mit dem bereits aufgeklebten Gesicht angebracht. Den Haarschopf kleben Sie von hinten an. Zum Schluß werden noch die Hände von hinten an den Ärmeln befestigt und das Schirmchen angebracht.

Fridolin heckt etwas aus

Höhe: ca. 32 cm bzw. 46 cm
(Abbildung Seite 23)

Wenn sich Fridolin mit Trippelschritten und einem Wassereimer nähert, wird bestimmt bald jemand wie ein begossener Pudel dreinschauen.

Mantel und Hut werden in einem Teil ausgeschnitten. Darauf kleben Sie zuerst den Kragen. Es folgen Haarschopf und Kopf mit Mund, Nase und Augen.
Anschließend werden die blauen Ärmelaufschläge, die Manteltaschen, die Knöpfe und das Hutband angebracht.

Von hinten befestigen Sie zum Schluß noch die Schuhe samt Schnürsenkeln und die Hände, in denen Fridolin Stock und Eimer hält.

Seht mal, was ich kann!

Höhe: ca. 22 cm (Abbildung Seite 24)

Wendelin zeigt uns einen tollen Spagat. Wie lange er wohl dafür geübt hat?
Wenn Ihnen Farbverläufe gefallen, dann verwenden Sie beim Nacharbeiten von Wendelin entweder Regenbogen-Tonkarton oder Regenbogen-Fotokarton.
Regenbogen-Tonkarton ist sehr farbintensiv und glänzt, ist aber leider relativ dünn und deshalb auch lichtdurchlässig.
Regenbogen-Fotokarton ist erheblich dicker und deshalb nicht lichtdurchlässig, die Farben sind jedoch stumpf.
Alternativ können Sie Wendelin natürlich auch aus Tonkarton herstellen.
Auf das Rumpfteil (durchgezogene Linie) kleben Sie zuerst die Jacke (langgestrichelte Linie) und darauf den Kragen.
Schuh und Hand werden doppelt ausgeschnitten und an Rumpf und Jacke angebracht.
Auf den weißen Kopf aus Tonkarton kleben Sie zuerst den Mund, es folgen Nase und Augen. Abschließend legen Sie den Hut an den Kragen und verbinden die beiden Teile miteinander, indem Sie den Kopf darauf kleben.

Theobald kennt einen tollen Trick

Höhe: ca. 28 cm (Abbildung Seite 25)

Lassen Sie sich überraschen, welche Tricks Theobald mit seinem Stock vorführen wird.
Dieser Clown wird genauso wie Wendelin (Seite 24) aus Regenbogen-Tonkarton bzw. aus Regenbogen-Fotokarton gearbeitet. Alternativ können Sie auch Tonkarton verwenden.
Auf die große Clownform (durchgezogene Linie) kleben Sie, bis auf die Hände und den Stock, die kleineren Teile.
Die Augen sind zwei weiße Klebepunkte (8 mm Durchmesser), auf die Sie mit einem feinen schwarzen Filzstift jeweils ein Kreuz und einen dicken Punkt malen. Die Lippen werden mit einer roten Linie geteilt.
Zum Schluß bringen Sie noch den Spazierstock und die beiden Hände an.

Fridolin heckt etwas aus

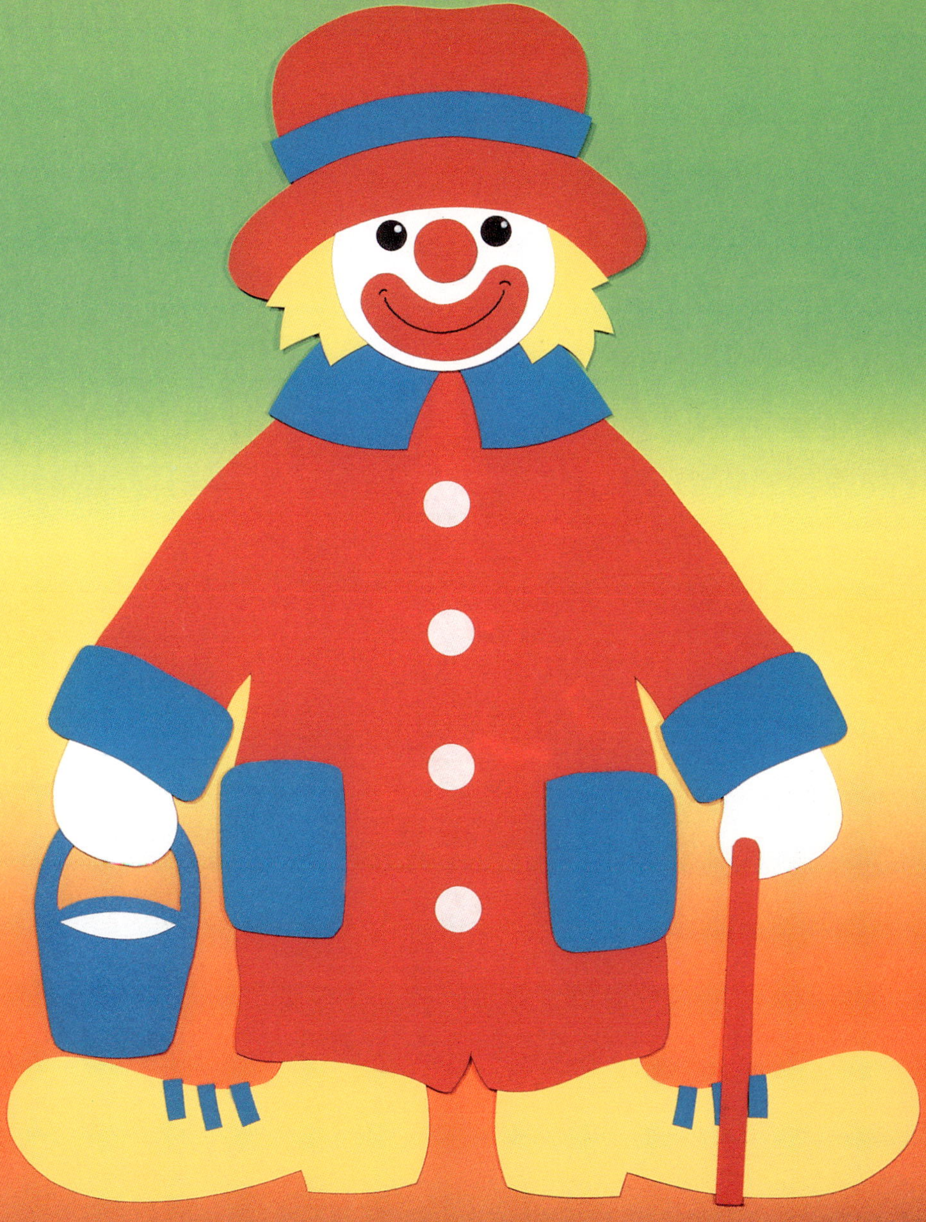

Seht mal, was ich kann!

(Anleitung Seite 22)

Theobald kennt einen tollen Trick

(Anleitung Seite 22)

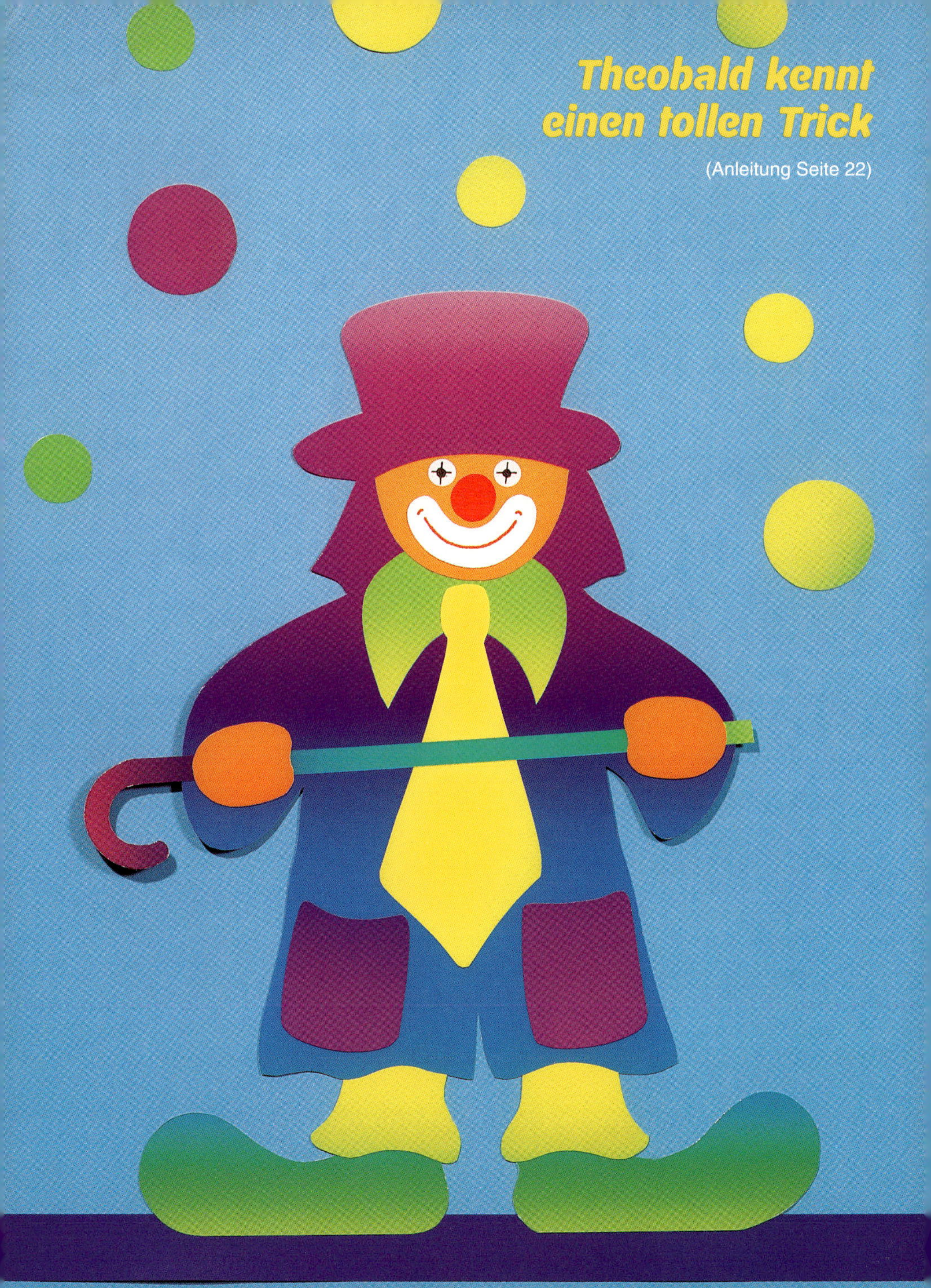

Florian und sein kleiner Assistent

Höhen: Clown: ca. 29 cm bzw. 41 cm,
Hund: ca. 12 cm bzw. 18 cm, Luftballons: ca. 23 cm bzw. 36 cm

Auf den eiförmigen Rumpf kleben Sie zuerst das V-förmige Oberschenkelteil (langgestrichelte Linie). Darauf werden die beiden Unterschenkel bzw. die Unterteile der gelben Hose mit den aufgeklebten Herzen (kurzgestrichelte Linie) befestigt. Von hinten bringen Sie die mit weißen Klebepunkten (8 mm bzw. 12 mm Durchmesser) verzierten Schuhe an. Nun kleben Sie an den Rumpf von hinten den Haarschopf und von vorne den weißen Kopf an. Im nächsten Schritt erhält Florian sein Gesicht.

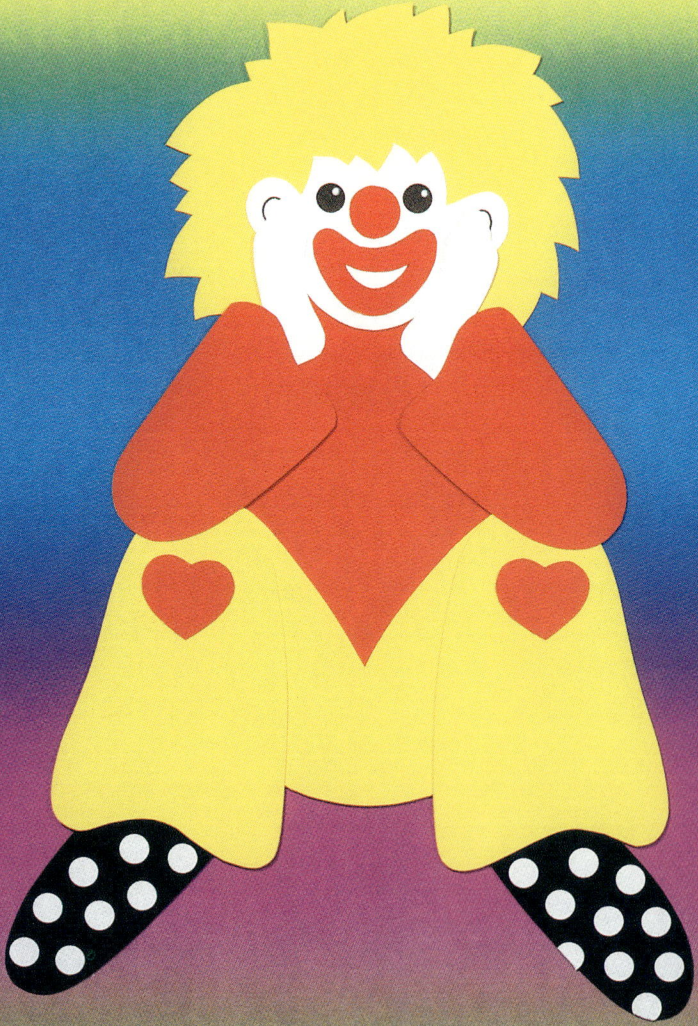

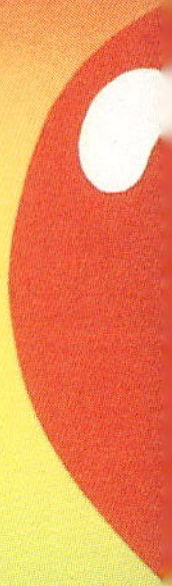

Erst jetzt können die Unterarme samt Händen angebracht werden.

Florians kleiner Assistent, ein Hund, paßt auf die Luftballons auf. Zwei sind ihm allerdings schon weggeflogen.

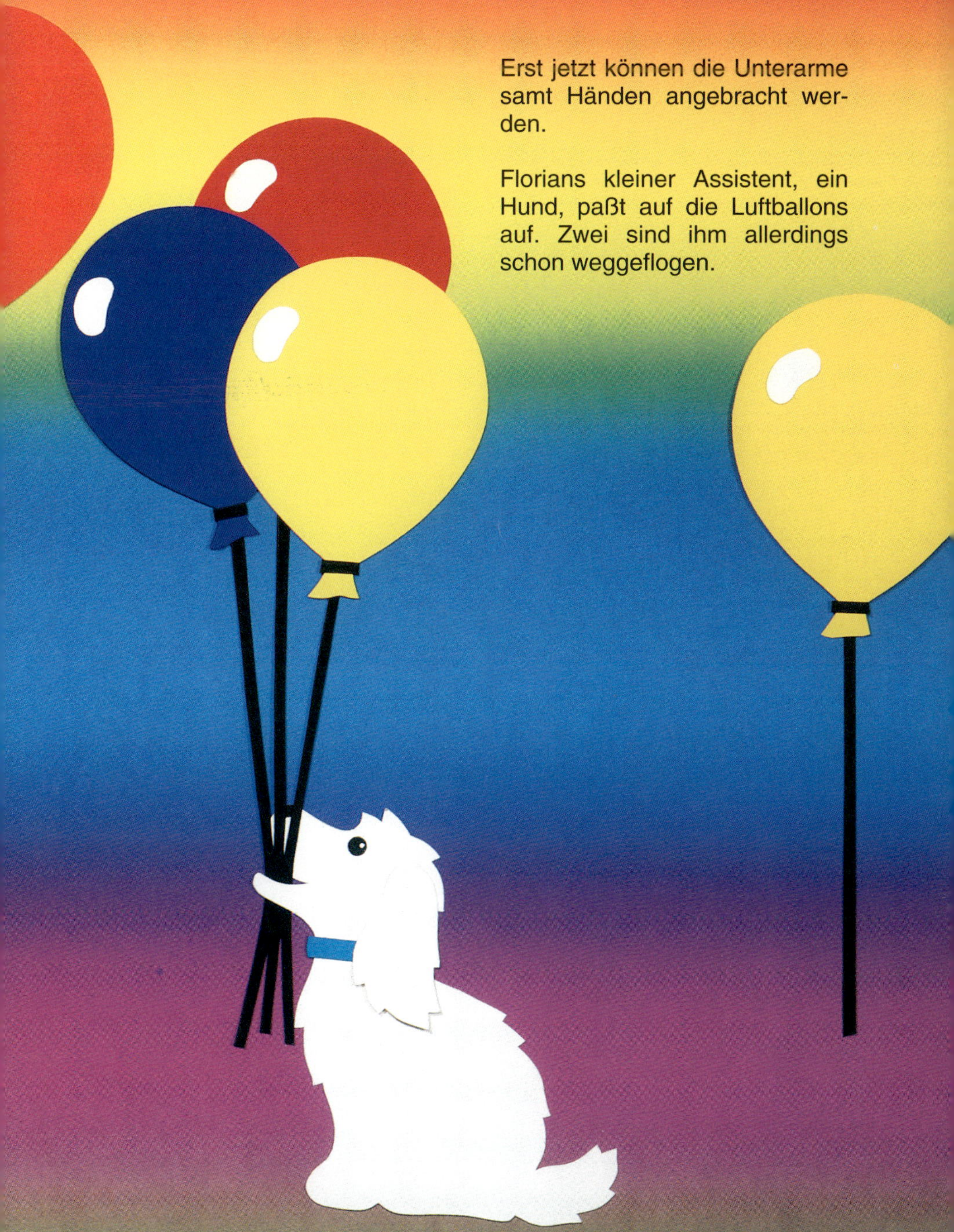

Poldi ist nicht aus der Ruhe zu bringen

Höhe: ca. 42 cm bzw. 63 cm

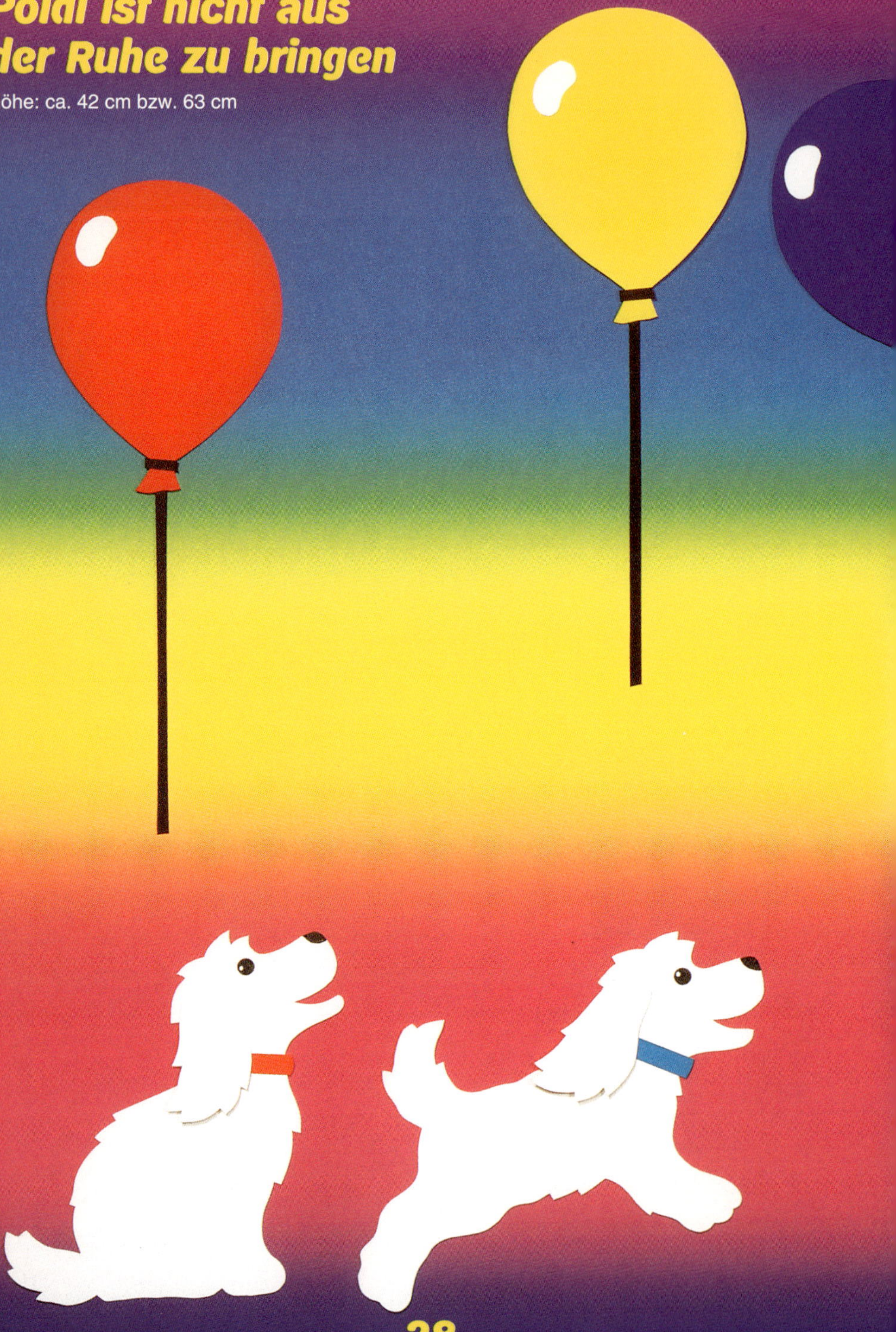

Wie weit wird Clown Poldi kommen, bis er das erste Mal stolpert?

An der roten Weste wird von vorne die blaue Fliege und von hinten der Kopf (gestrichelte Linie) befestigt. Nun können Knöpfe, Haarschopf, Mund, Auge und die rote Nase aufgeklebt werden.

Anschließend bringen Sie die Hose samt Schuhen von hinten an der Weste an. Jetzt fehlen nur noch die Ärmel mit den Händen, dann kann sich Poldi auf den Weg machen.

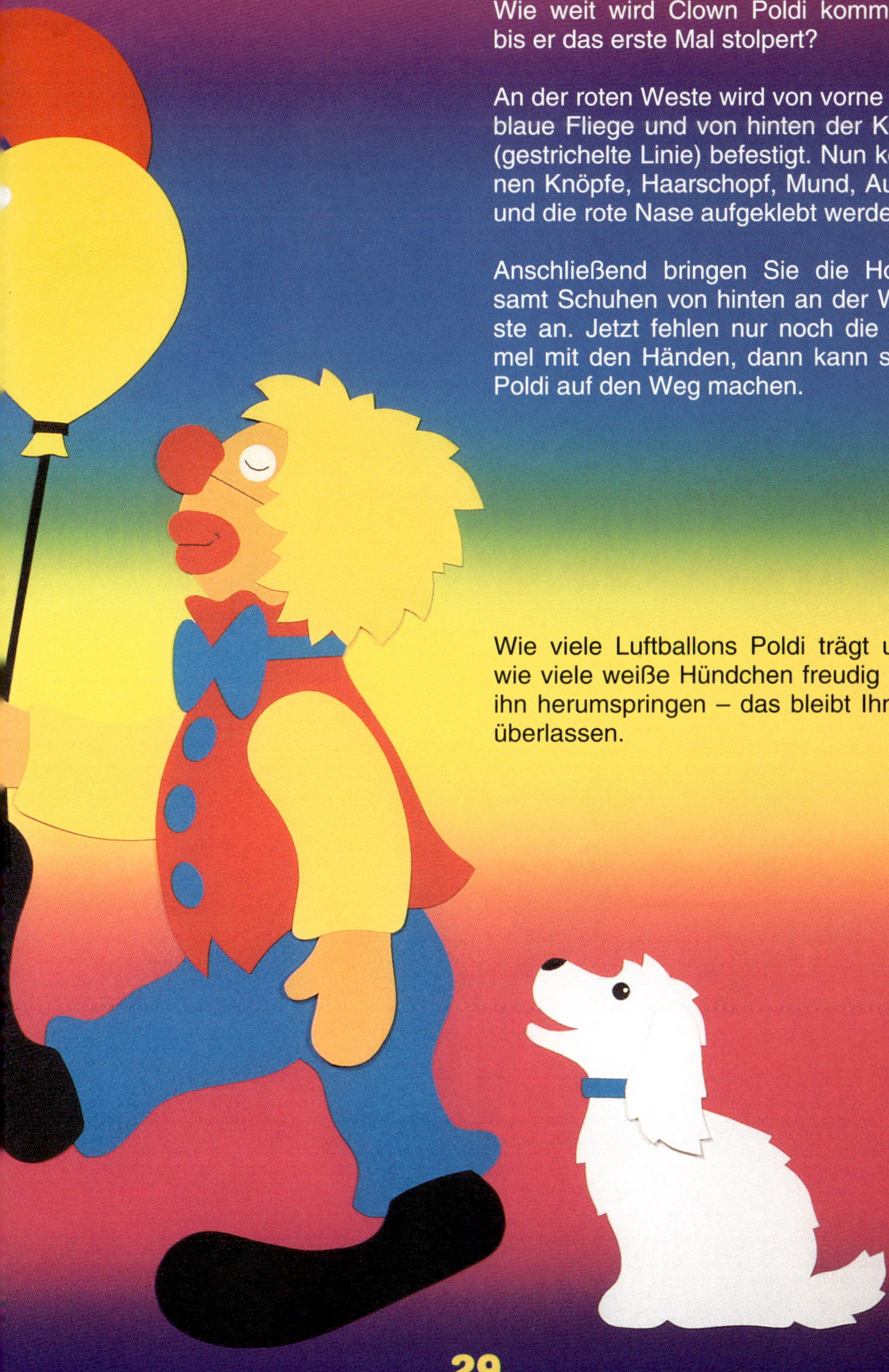

Wie viele Luftballons Poldi trägt und wie viele weiße Hündchen freudig um ihn herumspringen – das bleibt Ihnen überlassen.

Von Herzen alles Gute!

Höhe: ca. 33 cm (Abbildung Seite 31)

Wem Emilio sein Herz wohl schenken wird?

Auf das blaue Rumpfteil (durchgezogene Linie) wird zuerst das ebenfalls blaue Armteil (langgestrichelte Linie) samt Händen (Hände nicht auf dem Rumpfteil fixieren!) und dann das weiße Kragenteil geklebt. Nun kann das rote Herz untergeschoben werden. Als nächstes erhält Emilio seine großen Schuhe.

Auf den Kopf (gestrichelte Linie) kleben Sie zuerst die Haarsträhnen (durchgezogene Linien) und dann das Gesicht. Beginnen Sie mit dem Mund. Die Augen sind zwei schwarze Klebepunkte (8 mm bzw. 12 mm Durchmesser). Mit einem weißen Lackstift können noch zwei Punkte als Lichtreflexe aufgetupft werden.

Ist der Kopf fertig, wird er von vorne und der Hut von hinten am Kragen befestigt.

Clown Pünktchen

Höhe: ca. 28 cm (Abbildung Seite 32)

Wie dieser Clown zu seinem Namen kam, sieht jeder auf den ersten Blick.

Auf das kreisrunde, weiße Gesicht (die Einstichstelle für den Zirkel ist mit einem kleinen Kreuz markiert) kleben Sie den orangeroten Haarschopf und die Fliege. Achten Sie darauf, daß dazwischen noch genügend Platz für das Gesicht bleibt.

Für die mehrfach benötigten weißen Punkte schneiden Sie einen etwa 3 cm breiten Papierstreifen aus.

Zeichnen Sie auf ein Streifenende entweder mit der Kreisschablone oder mit dem Zirkel einen Kreis mit 1,6 cm Durchmesser. Falten Sie den Streifen im Zickzack dreimal. Wenn Sie jetzt den Kreis ausschneiden, haben Sie vier weiße Punkte.

Nicht nur die Fliege, auch das Hütchen, das Pünktchen schräg auf dem Kopf trägt, wird mit weißen Punkten verziert.

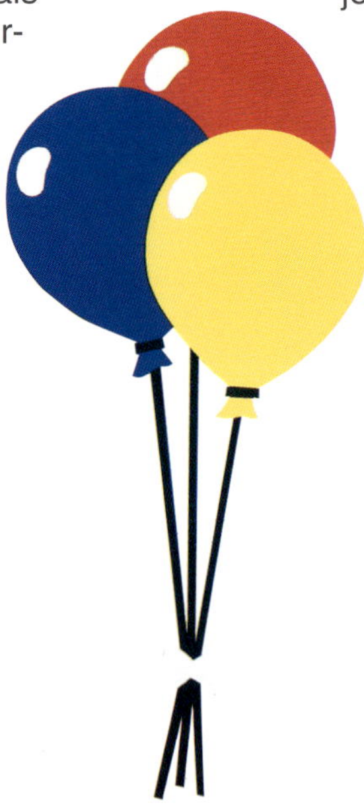

Von Herzen alles Gute!

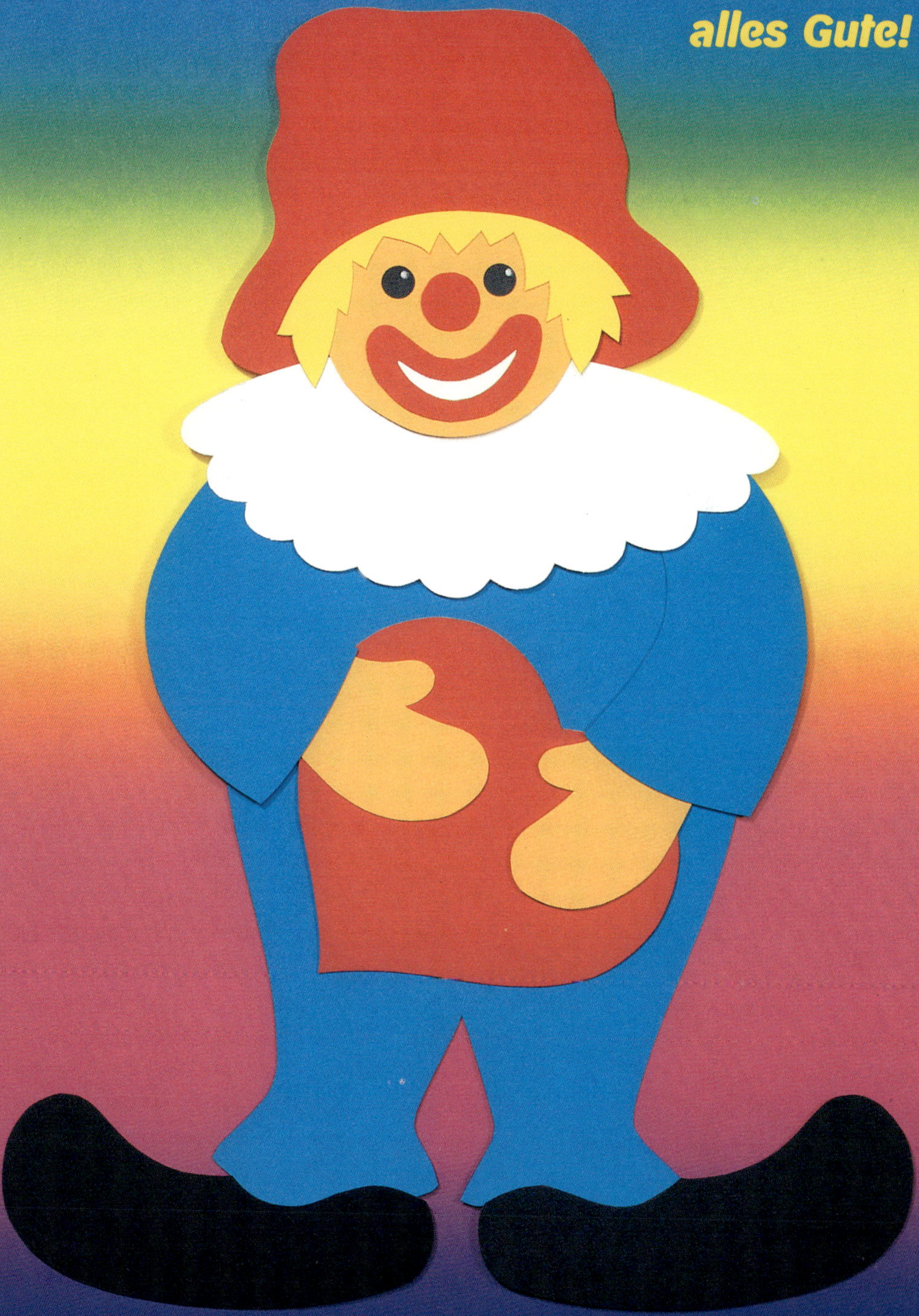

Clown Pünktchen

(Anleitung Seite 30)